Wie lautet die Geradengleichung in Hauptform?

Wie lautet die Punkt-Steigungs-Form einer Geraden durch $Q\,(x_Q \mid y_Q)$ mit Steigung m?

Wie lautet die Gleichung einer Parallelen zur x-Achse?

Wie lautet die Gleichung einer Parallelen zur y-Achse?

Wie erhält man die Steigung m zwischen $P(x_P \mid y_P)$ und $Q(x_Q \mid y_Q)$?

Wie erhält man den Steigungswinkel einer Geraden mit Steigung m?

Wie bestimmt man den Mittelpunkt M von $P(x_P \mid y_P)$ und $Q(x_Q \mid y_Q)$?

Wie berechnet man die Länge der Strecke von $P(x_P \mid y_P)$ zu $Q(x_Q \mid y_Q)$?

Die Geradengleichung in Hauptform lautet:

$$y = m \cdot x + c$$

m : Steigung

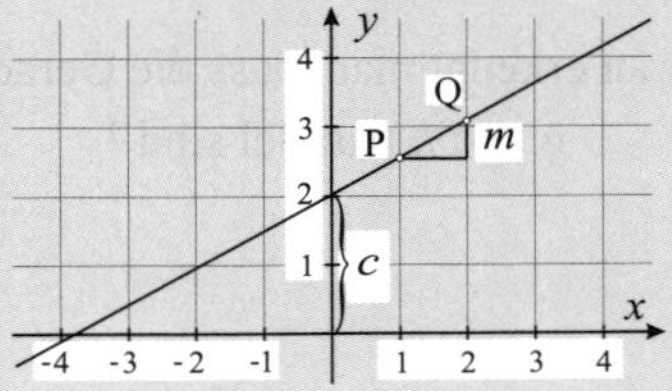

1

Die Geradengleichung in Punkt-Steigungs-Form lautet:

$$y = m \cdot (x - x_Q) + y_Q$$

2

Die Gleichung einer Parallelen zur x-Achse lautet:

$$y = c$$

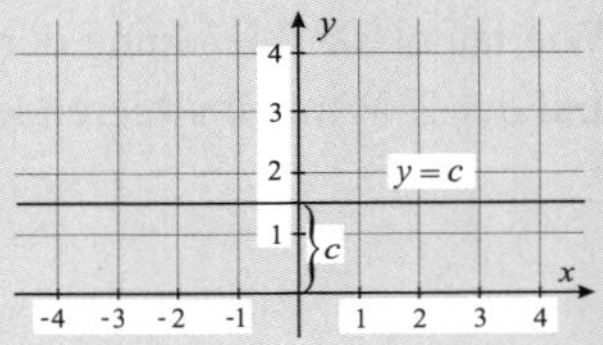

3

Die Gleichung einer Parallelen zur y-Achse lautet:

$$x = u$$

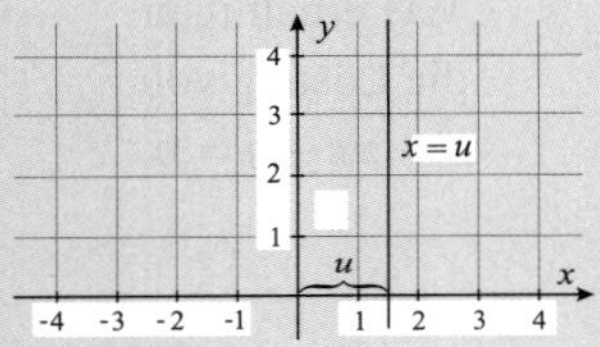

4

Die Steigung zwischen den Punkten P und Q ist:

$$m = \frac{y_Q - y_P}{x_Q - x_P}$$

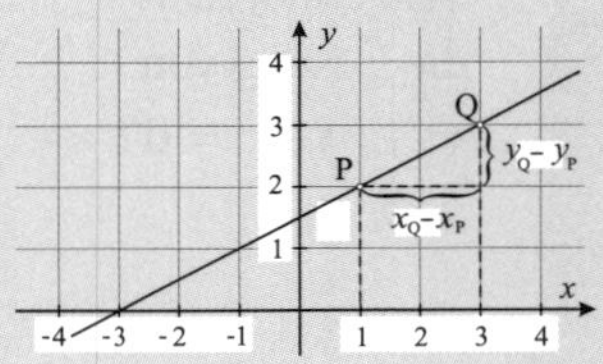

5

Den Steigungswinkel α einer Geraden mit Steigung m erhält man durch:

$$m = \tan \alpha$$

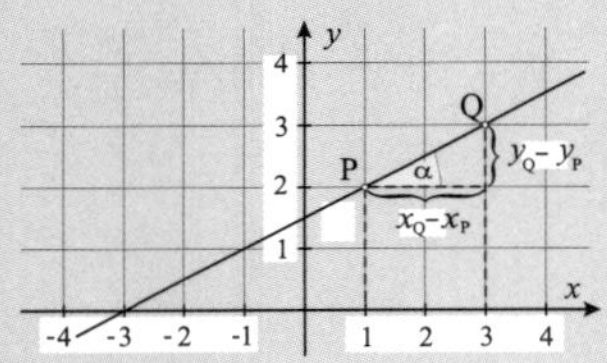

6

Der Mittelpunkt M von P und Q ist:

$$M\left(\frac{x_P + x_Q}{2} \;\middle|\; \frac{y_P + y_Q}{2}\right)$$

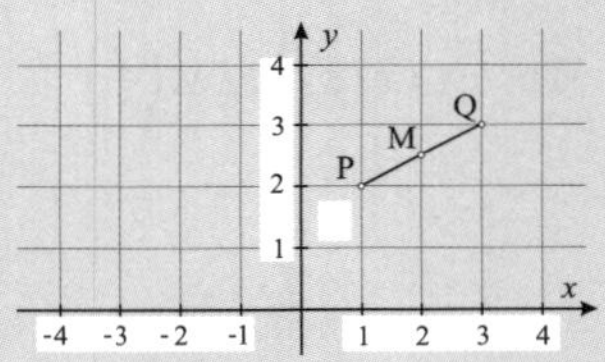

7

Die Länge der Strecke von P zu Q beträgt:

$$\overline{PQ} = \sqrt{(x_Q - x_P)^2 + (y_Q - y_P)^2}$$

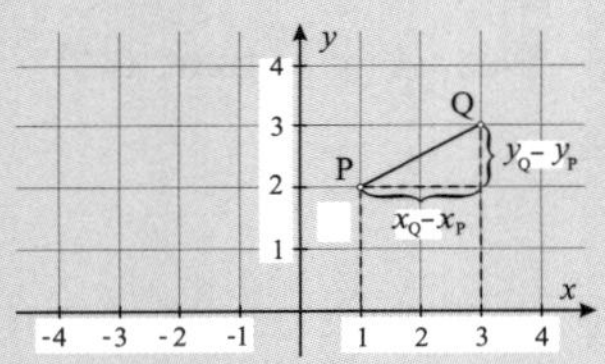

8

Geraden und Strecken ■ □

Woran erkennt man, dass die Geraden g und h parallel sind?

LF www.Freiburger-Verlag.de 9

Geraden und Strecken ■ □

Woran erkennt man, dass die Geraden g und h orthogonal (senkrecht zueinander) sind?

LF www.Freiburger-Verlag.de 10

Geraden und Strecken ■ □

Wie lautet die Gleichung der 1. und der 2. Winkelhalbierenden?

LF www.Freiburger-Verlag.de 11

Algebra ■ □

Wie erhält man die Lösung von $x^2 + px + q = 0$?

LF www.Freiburger-Verlag.de 12

Algebra ■ □

Wie erhält man die Lösung von $ax^2 + bx + c = 0$?

LF www.Freiburger-Verlag.de 13

Algebra ■ ■

Was ist $x^a \cdot x^b$ bzw. $\frac{x^a}{x^b}$?

LF www.Freiburger-Verlag.de 14

Algebra ■ ■

Was ist $(x \cdot y)^a$ bzw. $\left(\frac{x}{y}\right)^a$?

LF www.Freiburger-Verlag.de 15

Algebra ■ ■

Was ist $(x^a)^b$ bzw. x^0?

LF www.Freiburger-Verlag.de 16

Die eine Steigung ist der negative Kehrwert der anderen Steigung:

$$m_g = -\frac{1}{m_h} \text{ bzw. } m_g \cdot m_h = -1$$

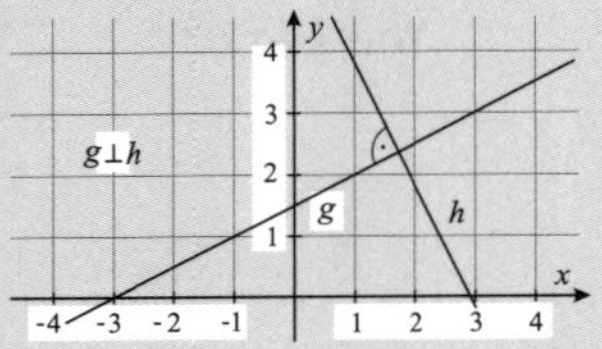

10

Die Geraden g und h sind parallel, wenn die y-Achsenabschnitte verschieden und die Steigungen gleich sind: $m_g = m_h$

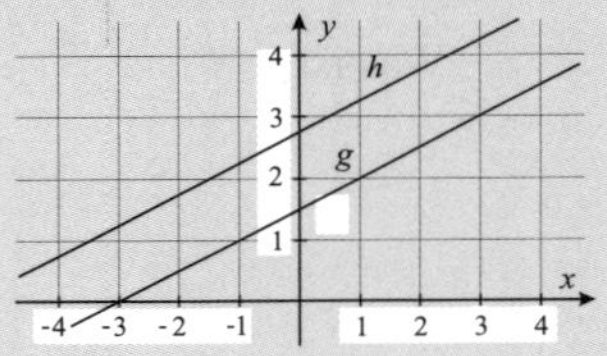

9

$$x_{1,2} = -\frac{p}{2} \pm \sqrt{\left(\frac{p}{2}\right)^2 - q}$$

12

1. Winkelhalbierende: $y = x$

2. Winkelhalbierende: $y = -x$

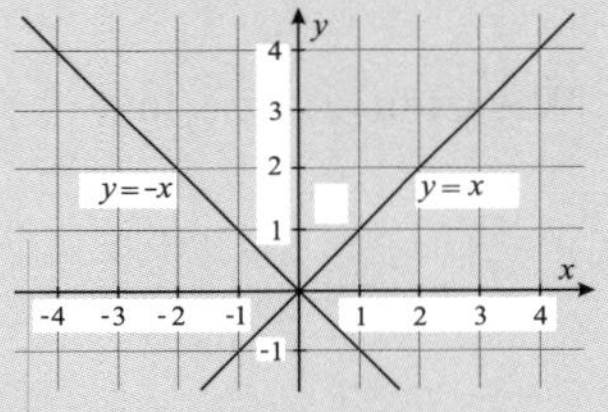

11

$$x^a \cdot x^b = x^{a+b}$$

$$\frac{x^a}{x^b} = x^a \cdot x^{-b} = x^{a-b}$$

14

$$x_{1,2} = \frac{-b \pm \sqrt{b^2 - 4ac}}{2a}$$

13

$$(x^a)^b = x^{a \cdot b}$$

$$x^0 = 1 \text{ (mit } x \neq 0)$$

16

$$(x \cdot y)^a = x^a \cdot y^a$$

$$\left(\frac{x}{y}\right)^a = \frac{x^a}{y^a}$$

15

Algebra

Was ist x^{-a}?

LF www.Freiburger-Verlag.de 17

Algebra

Was ist $x^{\frac{1}{n}}$?

LF www.Freiburger-Verlag.de 18

Algebra

Was ist $\ln(e)$ bzw. $\ln(1)$?

LF www.Freiburger-Verlag.de 19

Algebra

Wie bestimmt man den (arithmetischen) Mittelwert $\bar{x}$ von n Zahlen $x_1, \ldots, x_n$?

LF www.Freiburger-Verlag.de 20

Trigonometrie

Wie lauten die trigonometrischen Verhältnisse?

LF www.Freiburger-Verlag.de 21

Differentialrechnung

Wie lautet die 1. Ableitung von $f(x) = a \cdot x^r$?

LF www.Freiburger-Verlag.de 22

Differentialrechnung

Wie lautet die 1. Ableitung von $f(x) = \sqrt{x}$?

LF www.Freiburger-Verlag.de 23

Differentialrechnung

Wie lautet die 1. Ableitung von $f(x) = u(x) \cdot v(x)$?

LF www.Freiburger-Verlag.de 24

Eine Potenz mit rationalem Exponenten ist eine Wurzel:

$$x^{\frac{1}{n}} = \sqrt[n]{x}$$

18

Eine Potenz mit negativem Exponenten ist ein Bruch:

$$x^{-a} = \frac{1}{x^a}$$

17

$$\overline{x} = \frac{x_1 + x_2 + \ldots + x_n}{n}$$

20

$$\ln(e) = 1$$
$$\ln(1) = 0$$

19

$$f'(x) = a \cdot r \cdot x^{r-1}$$

22

$$\sin\alpha = \frac{\text{Gegenkathete}}{\text{Hypotenuse}}$$
$$\cos\alpha = \frac{\text{Ankathete}}{\text{Hypotenuse}}$$
$$\tan\alpha = \frac{\text{Gegenkathete}}{\text{Ankathete}}$$

21

$$f'(x) = u'(x) \cdot v(x) + u(x) \cdot v'(x)$$

(Produktregel)

24

Umschreiben: $f(x) = \sqrt{x} = x^{\frac{1}{2}}$

Ableiten ergibt:

$$f'(x) = \frac{1}{2} \cdot x^{-\frac{1}{2}} = \frac{1}{2x^{\frac{1}{2}}} = \frac{1}{2\sqrt{x}}$$

23

Wie lautet die 1. Ableitung von $f(x) = u(v(x))$?

Wie lautet die 1. Ableitung von $f(x) = e^x$?

Wie lautet die 1. Ableitung von $f(x) = a \cdot e^{g(x)}$?

Wie lautet die 1. Ableitung von $f(x) = \sin x$?

Wie lautet die 1. Ableitung von $f(x) = a \cdot \sin(g(x))$?

Wie lautet die 1. Ableitung von $f(x) = \cos x$?

Wie lautet die 1. Ableitung von $f(x) = a \cdot \cos(g(x))$?

Wie lässt sich die momentane Änderungsrate einer Funktion f beschreiben?

$$f'(x) = e^x$$

(e^x verändert sich beim Ableiten nicht)

26

Äußere mal innere Ableitung:

$$f'(x) = u'(v(x)) \cdot v'(x)$$

(Kettenregel)

25

$$f'(x) = \cos x$$

28

$$f'(x) = a \cdot e^{g(x)} \cdot g'(x)$$

(Kettenregel)

27

$$f'(x) = -\sin x$$

30

$$f'(x) = a \cdot \cos(g(x)) \cdot g'(x)$$

(Kettenregel)

29

Die momentane Änderungsrate einer Funktion kann durch die 1. Ableitung, also $f'(x)$, beschrieben werden.

32

$$f'(x) = a \cdot (-\sin(g(x))) \cdot g'(x)$$

(Kettenregel)

31

Wie lautet die Gleichung einer allgemeinen Parabel?

Wie lautet die Gleichung einer zur y-Achse symmetrischen Parabel?

Wie lautet die Gleichung einer ganzrationalen Funktion f dritten Grades?

Wie geht der Graph von
$f(x) = a \cdot g\,(b \cdot (x - c)) + d$
aus dem Graphen von $g(x)$ hervor?

Wie erhält man die Steigung m_t der Tangente in einem Punkt $\mathrm{P}(u \mid f(u))$ an den Graphen einer Funktion f?

Wie lautet die Tangentengleichung in einem Punkt $\mathrm{P}(u \mid f(u))$?

Wie erhält man die Steigung m_n der Normalen in einem Punkt $\mathrm{P}(u \mid f(u))$?

Wie lautet die Normalengleichung in einem Punkt $\mathrm{P}(u \mid f(u))$?

Eine Parabel, die symmetrisch zur y-Achse ist, hat die Gleichung:

$$f(x) = ax^2 + c$$

34

Eine allgemeine Parabel hat die Gleichung:

$$f(x) = ax^2 + bx + c$$

33

Der Graph von $f(x) = a \cdot g\,(b \cdot (x - c)) + d$ geht aus dem Graphen von $g(x)$ wie folgt hervor:

a: Streckung in y-Richtung mit Faktor a
($a < 0$: Spiegelung an der x-Achse)
b: Streckung in x-Richtung mit Faktor $\frac{1}{b}$
c: Verschiebung in x-Richtung um c
d: Verschiebung in y-Richtung um d

36

Eine ganzrationale Funktion f dritten Grades hat die Gleichung:

$$f(x) = ax^3 + bx^2 + cx + d$$

35

Die Tangentengleichung in P $(u \mid f(u))$ lautet:

$$t\colon y = f'(u) \cdot (x - u) + f(u)$$

38

Der x-Wert des Punktes $\mathrm{P}(u \mid f(u))$ wird in die 1. Ableitung von f eingesetzt:

$$m_t = f'(u)$$

37

Die Normalengleichung in P $(u \mid f(u))$ lautet:

$$y = -\frac{1}{f'(u)} \cdot (x - u) + f(u)$$

(mit $f'(u) \neq 0$)

40

Die Steigung der Normalen ist der negative Kehrwert der Tangentensteigung:

$$m_n = -\frac{1}{m_t} = -\frac{1}{f'(u)}$$

(mit $f'(u) \neq 0$)

39

Wie prüft man, ob der Graph einer Funktion f achsensymmetrisch zur y-Achse ist?

Wie prüft man, ob der Graph einer Funktion f punktsymmetrisch zum Ursprung ist?

Wie erhält man den Schnittpunkt S des Graphen von $f(x)$ mit der y-Achse?

Wie erhält man Schnittpunkte des Graphen von $f(x)$ mit der x-Achse?

Wie lautet die Bedingung für Punkte mit waagerechter Tangente?

Wie erkennt man ein lokales Maximum (Hochpunkt)?

Wie erkennt man ein lokales Minimum (Tiefpunkt)?

Wie erkennt man einen Wendepunkt?

Bei Punktsymmetrie zum Ursprung muss für alle $x \in \mathrm{D}$ gelten:

$$f(-x) = -f(x)$$

42

Bei Achsenymmetrie zur y-Achse muss für alle $x \in \mathrm{D}$ gelten:

$$f(-x) = f(x)$$

41

$f(x) = 0$ nach x auflösen, um die Nullstellen zu berechnen:

$$\mathrm{N}_1\,(x_1 \mid 0),\ \mathrm{N}_2\,(x_2 \mid 0),\ \ldots$$

44

$x = 0$ wird in $f(x)$ eingesetzt:

$$\mathrm{S}(0 \mid f(0))$$

43

$f'(x_0) = 0$ und $f''(x_0) < 0$

oder f' hat einen Vorzeichenwechsel an der Stelle x_0 von $+$ nach $-$

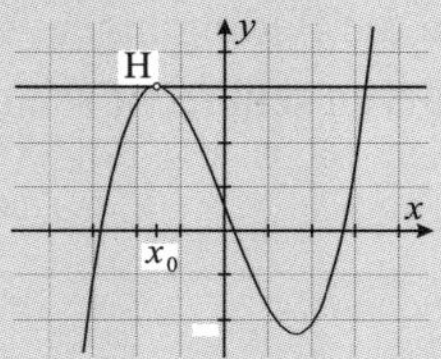

46

An Punkten mit waagerechter Tangente ist die Steigung gleich Null:

$$f'(x_0) = 0$$

45

$f''(x_0) = 0$ und $f'''(x_0) \neq 0$

oder f'' hat einen Vorzeichenwechsel an der Stelle x_0

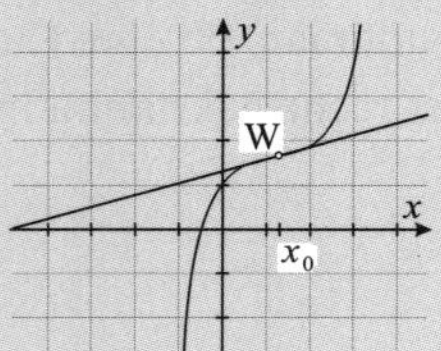

48

$f'(x_0) = 0$ und $f''(x_0) > 0$

oder f' hat einen Vorzeichenwechsel an der Stelle x_0 von $-$ nach $+$

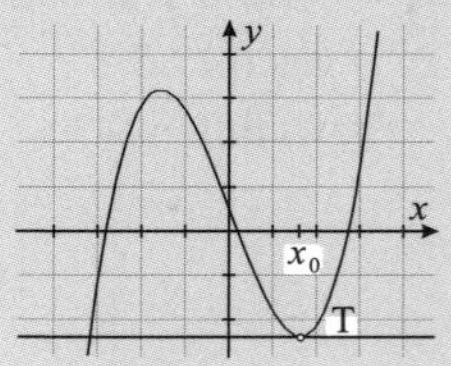

47

Woran erkennt man einen Sattelpunkt?

Welche Bedeutung haben die Parameter a, b, c und d bei der trigonometrischen Funktion $f(x) = a \cdot \sin(b \cdot (x - c)) + d$?

Wie erhält man die Periode p der trigonometrischen Funktion $f(x) = a \cdot \sin(b \cdot (x - c)) + d$?

Wie bestimmt man den Schnittpunkt zweier Kurven $f(x)$ und $g(x)$?

Wie lauten die Bedingungen, wenn sich zwei Kurven im Punkt B berühren?

Wie lauten die Bedingungen, wenn sich zwei Kurven senkrecht schneiden?

Wann ist die Funktion f streng monoton wachsend (bzw. fallend)?

Wie bestimmt man, ob eine Kurve links- oder rechtsgekrümmt ist?

Der Graph der Grundfunktion

$$g(x) = \sin x$$

wird folgendermaßen verändert:

a: Streckung in y-Richtung mit Faktor a
($a < 0$: Spiegelung an der x-Achse)
b: Streckung in x-Richtung mit Faktor $\frac{1}{b}$
c: Verschiebung in x-Richtung um c
d: Verschiebung in y-Richtung um d

50

$$f'(x_0) = 0$$

und f' hat keinen Vorzeichenwechsel an der Stelle x_0

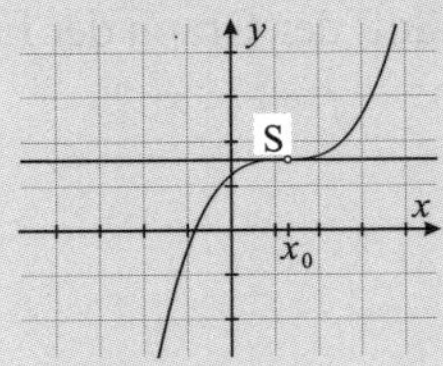

49

Um den Schnittpunkt zweier Kurven $f(x)$ und $g(x)$ zu bestimmen, werden die Funktionsgleichungen gleichgesetzt und anschließend nach x aufgelöst:

$$f(x) = g(x)$$

52

Für die Periode p von $f(x) = a \cdot \sin(b \cdot (x - c)) + d$ gilt:

$$p = \frac{2\pi}{|b|}$$

51

Im Schnittpunkt muss die Steigung der einen Kurve der negative Kehrwert der Steigung der anderen Kurve sein:

$$f(x_0) = g(x_0) \text{ und } f'(x_0) = -\frac{1}{g'(x_0)}$$

54

Die Funktionswerte und die Steigungen müssen im Berührpunkt B $(x_0 \mid f(x_0))$ gleich sein:

$$f(x_0) = g(x_0) \text{ und } f'(x_0) = g'(x_0)$$

53

Eine Kurve ist in einem Intervall linksgekrümmt, wenn ihre zweite Ableitung dort größer als Null ist:

$$f''(x) > 0$$

Sie ist rechtsgekrümmt, wenn ihre zweite Ableitung dort kleiner als Null ist:

$$f''(x) < 0$$

56

streng monoton wachsend: $f'(x) > 0$
(streng monoton fallend: $f'(x) < 0$)

55

Wie verläuft der Graph der Funktion
$f(x) = x^2$?

Wie verläuft der Graph der Funktion
$f(x) = x^3$?

Wie verläuft der Graph der Funktion
$f(x) = \frac{1}{x}$?

Wie verläuft der Graph der Funktion
$f(x) = \frac{1}{x^2}$?

Wie verläuft der Graph der Funktion
$f(x) = e^x$?

Wie verläuft der Graph der Funktion
$f(x) = e^{-x}$?

Wie verläuft der Graph der Funktion
$f(x) = \sin x$?

Wie verläuft der Graph der Funktion
$f(x) = \cos x$?

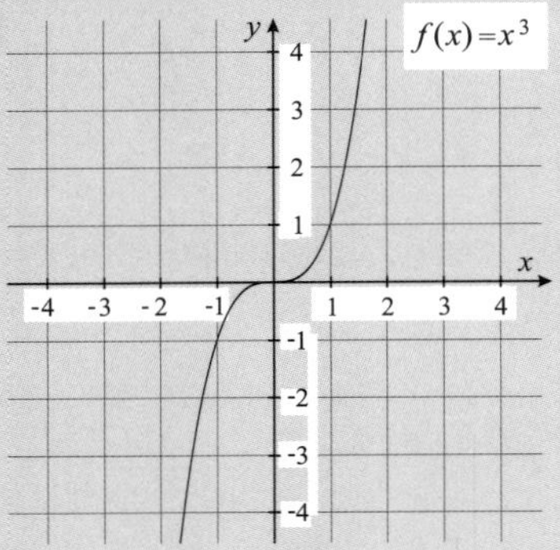

58

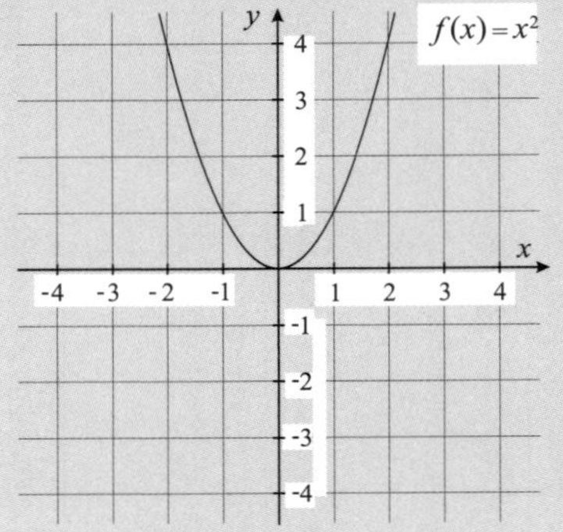

57

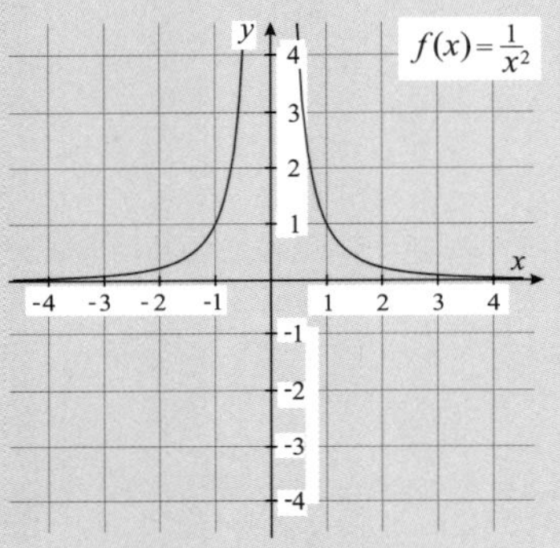

60

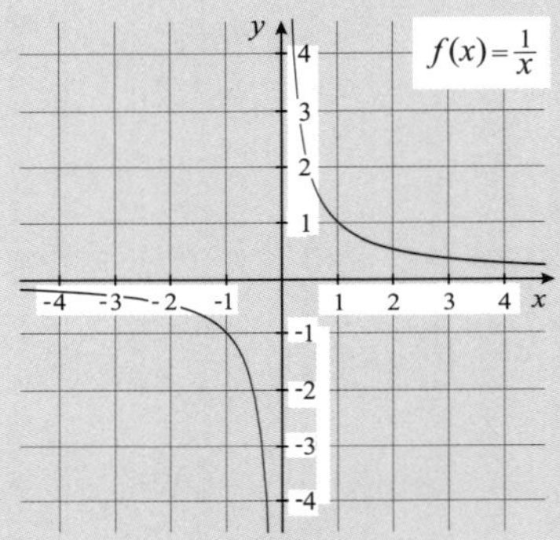

59

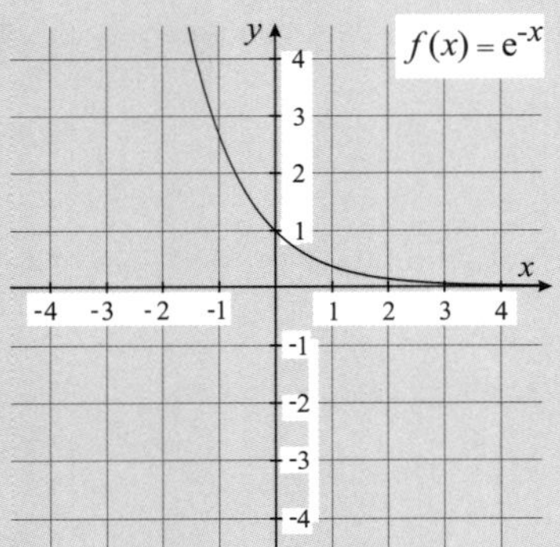

62

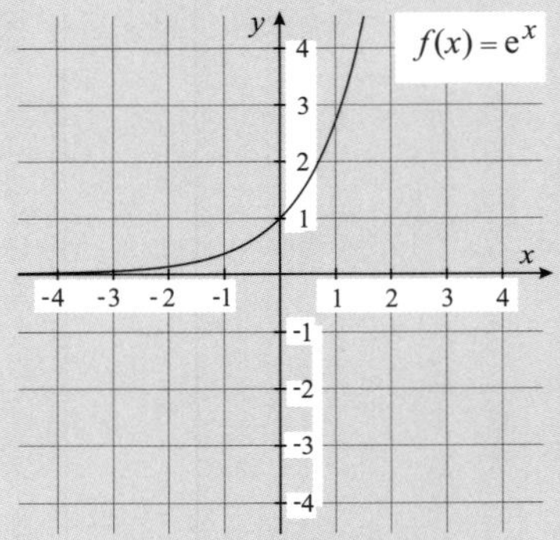

61

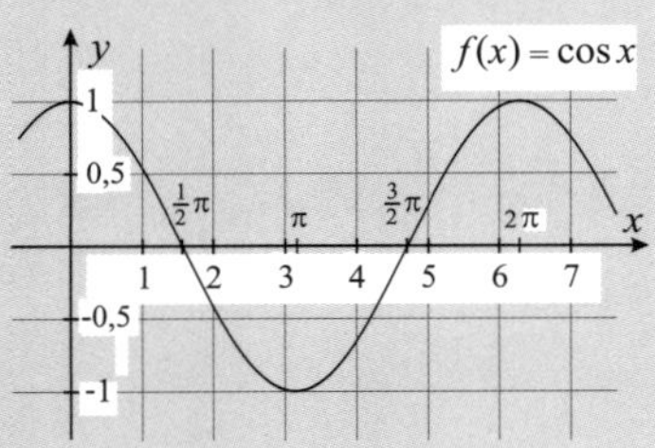

64

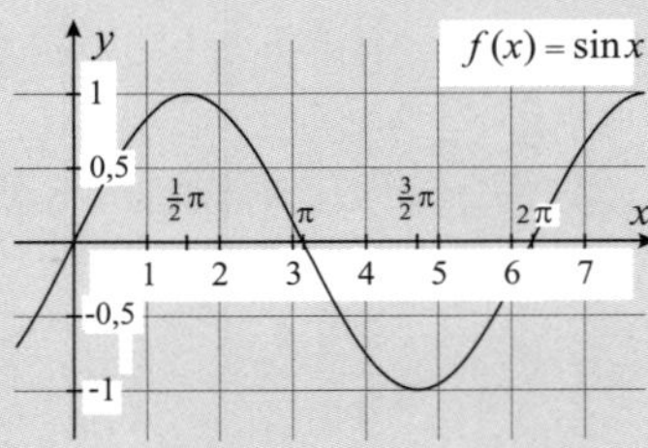

63

Welche Bedingung gilt für eine Stammfunktion von $f(x)$?

Wie lautet eine Stammfunktion zu $f(x) = x^r$?

Wie lautet eine Stammfunktion zu $f(x) = a \cdot x^r$?

Wie lautet eine Stammfunktion zu $f(x) = e^x$?

Wie lautet eine Stammfunktion zu $f(x) = a \cdot e^{k \cdot x + b}$?

Wie lautet eine Stammfunktion zu $f(x) = \frac{1}{x}$ mit $x \neq 0$?

Wie lautet eine Stammfunktion zu $f(x) = \frac{a}{k \cdot x + b}$?

Wie lautet eine Stammfunktion zu $f(x) = \sin x$?

$$F(x) = \frac{1}{r+1} \cdot x^{r+1} + c$$

Bedingung: $r \neq -1$

66

Die 1. Ableitung der Stammfunktion $F(x)$ ergibt $f(x)$:

$$F'(x) = f(x)$$

65

$$F(x) = e^x + c$$

68

$$F(x) = \frac{a}{r+1} \cdot x^{r+1} + c$$

Bedingung: $r \neq -1$

67

$$F(x) = \ln|x| + c$$

70

$$F(x) = \frac{a}{k} \cdot e^{k \cdot x + b} + c$$

69

$$F(x) = -\cos x + c$$

72

$$F(x) = \frac{a}{k} \cdot \ln|k \cdot x + b| + c$$

71

Wie lautet eine Stammfunktion zu
$f(x) = a \cdot \sin(k\ x + b)$?

Wie lautet eine Stammfunktion zu
$f(x) = \cos x$?

Wie lautet eine Stammfunktion zu
$f(x) = a \cdot \cos(k \cdot x + b)$?

Wie berechnet man das Integral $\int_a^b f(x)\,\mathrm{d}x$?

Wie berechnet man den Flächeninhalt
zwischen zwei Kurven?

Wie berechnet man den Flächeninhalt
zwischen einer Kurve und der x-Achse über
dem Intervall $[a,\ b]$?

Wie berechnet man das Volumen eines
Rotationskörpers, der durch Drehung der
Kurve von $f(x)$ um die x-Achse entsteht?

Wie kann man aus der Änderungsrate die
Funktion bestimmen?

$$F(x) = \sin x + c$$

74

$$F(x) = -\tfrac{a}{k} \cdot \cos(k \cdot x + b) + c$$

73

$$\int_a^b f(x)\, dx = \Big[F(x)\Big]_a^b = F(b) - F(a)$$

mit $F'(x) = f(x)$
(Hauptsatz der Differential- und Integralrechnung)

76

$$F(x) = \tfrac{a}{k} \cdot \sin(k \cdot x + b) + c$$

75

Verläuft die Kurve oberhalb der x-Achse, so gilt:

$$A = \int_a^b f(x)\, dx$$

Verläuft die Kurve unterhalb der x-Achse, so gilt:

$$A = \int_a^b \Big(0 - f(x)\Big)\, dx = -\int_a^b f(x)\, dx$$

78

$$A = \int_{x_1}^{x_2} (f(x) - g(x))\, dx$$

x_1, x_2: Schnittstellen von $f(x) = g(x)$
Kurve von f ist oberhalb der Kurve von g

77

Um die Funktion $f(x)$ aus der Änderungsrate $f'(x)$ zu bestimmen, muss man eine allgemeine Stammfunktion von $f'(x)$ bestimmen und Nebenbedingungen beachten.

80

$$V_{rot} = \pi \cdot \int_{x_1}^{x_2} (f(x))^2\, dx$$

79

Integralrechnung

Wie berechnet man den Mittelwert einer Funktion über dem Intervall $[a, b]$ mithilfe eines Integrals?

LF www.Freiburger-Verlag.de 81

Integralrechnung

Wie berechnet man den Inhalt einer ins Unendliche reichenden Fläche?

LF www.Freiburger-Verlag.de 82

Flächen und Volumen

Wie berechnet man das Volumen eines Würfels bzw. eines Quaders?

LF www.Freiburger-Verlag.de 1

Flächen und Volumen

Wie berechnet man das Volumen eines Prismas bzw. eines Zylinders?

LF www.Freiburger-Verlag.de 2

Flächen und Volumen

Wie berechnet man das Volumen einer Pyramide bzw. eines Kegels?

LF www.Freiburger-Verlag.de 3

Flächen und Volumen

Wie berechnet man den Flächeninhalt und den Umfang eines Kreises?

LF www.Freiburger-Verlag.de 4

Flächen und Volumen

Wie berechnet man den Flächeninhalt eines Rechtecks bzw. eines Parallelogramms?

LF www.Freiburger-Verlag.de 5

Flächen und Volumen

Wie berechnet man den Flächeninhalt eines Dreiecks?

LF www.Freiburger-Verlag.de 6

Um den Inhalt einer ins Unendliche reichenden Fläche zu berechnen, setzt man zuerst z als obere oder untere Integrationsgrenze ein und berechnet das Integral in Abhängigkeit von z. Anschließend lässt man $z \to \infty$ oder $z \to -\infty$ gehen und bestimmt den Grenzwert.

$$m = \frac{1}{b-a} \cdot \int_a^b f(x)dx$$

Prisma: $\mathrm{V} = \mathrm{G} \cdot h$

G: Grundfläche

h: Prismenhöhe

Zylinder: $\mathrm{V} = \mathrm{G} \cdot h = \pi \cdot r^2 \cdot h$

G: Grundfläche

r: Radius der Grundfläche

h: Zylinderhöhe

Würfel: $\mathrm{V} = a^3$

Quader: $\mathrm{V} = a \cdot b \cdot c$

a, b, c: Kantenlängen

Fläche: $\mathrm{A} = \pi \cdot r^2$

Umfang: $\mathrm{U} = 2 \cdot \pi \cdot r = \pi \cdot d$

Pyramide: $\mathrm{V} = \frac{1}{3} \cdot \mathrm{G} \cdot h$

G: Grundfläche

h: Pyramidenhöhe

Kegel: $\mathrm{V} = \frac{1}{3} \cdot \mathrm{G} \cdot h = \frac{1}{3} \cdot \pi \cdot r^2 \cdot h$

G: Grundfläche

h: Kegelhöhe

$\mathrm{A} = \frac{1}{2} \cdot g \cdot h$

g: Grundseite

h: Höhe auf die Grundseite

Rechteck: $\mathrm{A} = a \cdot b$

a, b: Seitenlängen

Parallelogramm: $\mathrm{A} = g \cdot h$

g: Grundseite

h: Höhe auf die Grundseite

Flächen und Volumen

Wie berechnet man den Flächeninhalt eines Trapezes?

LF www.Freiburger-Verlag.de 7

Dreiecksberechnungen

Wie lautet der Satz des Pythagoras?

LF www.Freiburger-Verlag.de 8

Punkte und Vektoren

Wie bestimmt man den Mittelpunkt M zwischen den Punkten $A(a_1 \mid a_2 \mid a_3)$ und $B(b_1 \mid b_2 \mid b_3)$?

LF www.Freiburger-Verlag.de 9

Punkte und Vektoren

Wie bestimmt man den Verbindungsvektor von $A(a_1 \mid a_2 \mid a_3)$ zu $B(b_1 \mid b_2 \mid b_3)$?

LF www.Freiburger-Verlag.de 10

Punkte und Vektoren

Wie berechnet man die Länge (den Betrag) eines Vektors $\vec{a} = \begin{pmatrix} a_1 \\ a_2 \\ a_3 \end{pmatrix}$?

LF www.Freiburger-Verlag.de 11

Punkte und Vektoren

Wie bestimmt man das Skalarprodukt der Vektoren $\vec{a} = \begin{pmatrix} a_1 \\ a_2 \\ a_3 \end{pmatrix}$ und $\vec{b} = \begin{pmatrix} b_1 \\ b_2 \\ b_3 \end{pmatrix}$?

LF www.Freiburger-Verlag.de 12

Punkte und Vektoren

Wie erkennt man, dass Vektor $\vec{a}$ orthogonal (senkrecht) zu Vektor $\vec{b}$ ist?

LF www.Freiburger-Verlag.de 13

Punkte und Vektoren

Wann liegt ein Punkt P zwischen zwei Punkten A und B?

LF www.Freiburger-Verlag.de 14

Im rechtwinkligen Dreieck gilt:
Das Hypotenusenquadrat ist gleich groß
wie die Summe der Kathetenquadrate:

$$c^2 = a^2 + b^2$$

(falls c Hypotenuse ist)

8

$$\text{A} = \frac{a+c}{2} \cdot h$$

a, c: parallele Seiten

h: Trapezhöhe

7

$$\overrightarrow{\text{AB}} = \vec{b} - \vec{a} = \begin{pmatrix} b_1 - a_1 \\ b_2 - a_2 \\ b_3 - a_3 \end{pmatrix}$$

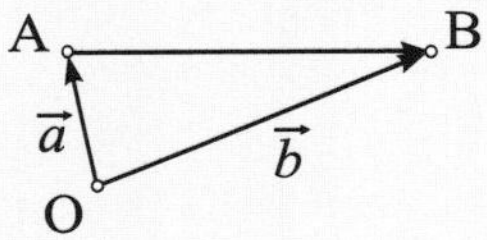

10

$$\text{M}\left(\frac{a_1+b_1}{2} \mid \frac{a_2+b_2}{2} \mid \frac{a_3+b_3}{2} \right)$$

9

$$\vec{a} \cdot \vec{b} = \begin{pmatrix} a_1 \\ a_2 \\ a_3 \end{pmatrix} \cdot \begin{pmatrix} b_1 \\ b_2 \\ b_3 \end{pmatrix}$$
$$= a_1 \cdot b_1 + a_2 \cdot b_2 + a_3 \cdot b_3$$

12

$$|\vec{a}| = \sqrt{a_1^2 + a_2^2 + a_3^2}$$

11

Wenn ein Punkt P zwischen A und B
liegt, muss gelten:

$$\vec{p} = \vec{a} + t \cdot \overrightarrow{\text{AB}} \text{ mit } 0 < t < 1$$

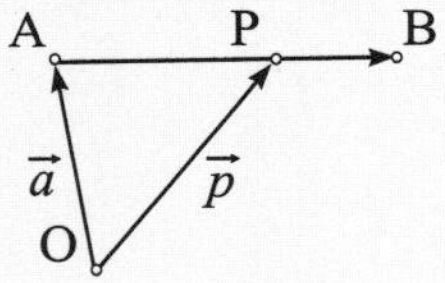

14

Wenn $\vec{a}$ orthogonal zu $\vec{b}$ ist, so ist das
Skalarprodukt gleich Null:

$$\vec{a} \perp \vec{b} \Leftrightarrow \vec{a} \cdot \vec{b} = 0$$

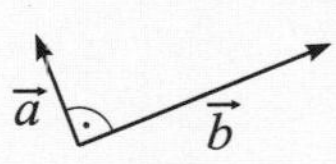

13

Wie berechnet man den Winkel φ zwischen den Vektoren $\vec{a}$ und $\vec{b}$?

Wie erhält man einen Vektor $\vec{c}$, der orthogonal zu den Vektoren $\vec{a}$ und $\vec{b}$ ist?

Wie kann man die Fläche eines Parallelogramms ABCD mithilfe des Vektorprodukts berechnen?

Wie kann man die Fläche eines Dreiecks ABC mithilfe des Vektorprodukts berechnen?

Wie normiert man einen Vektor $\vec{a}$ auf die Länge 1?

Wie lautet die Gleichung einer Geraden, die durch den Punkt P geht, in Parameterform?

Wie kann man prüfen, ob ein Punkt Q auf einer Geraden $g\colon\ \vec{x} = \vec{p} + r \cdot \vec{u}$ liegt?

Wann sind die Geraden g und h parallel?

Mithilfe des Vektorprodukts (Kreuzprodukts):

$$\vec{c} = \vec{a} \times \vec{b} = \begin{pmatrix} a_2b_3 - a_3b_2 \\ a_3b_1 - a_1b_3 \\ a_1b_2 - a_2b_1 \end{pmatrix}$$

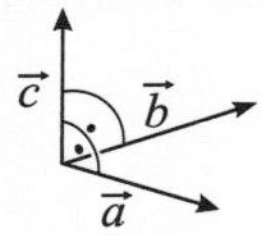

16

Den Winkel φ zwischen den beiden Vektoren $\vec{a}$ und $\vec{b}$ erhält man durch:

$$\cos(\varphi) = \frac{\vec{a} \cdot \vec{b}}{|\vec{a}| \cdot |\vec{b}|}$$

15

Die Fläche eines Dreiecks ABC wird mithilfe des Vektorprodukts berechnet:

$$A_{\triangle} = \frac{1}{2} \cdot |\overrightarrow{AB} \times \overrightarrow{AC}|$$

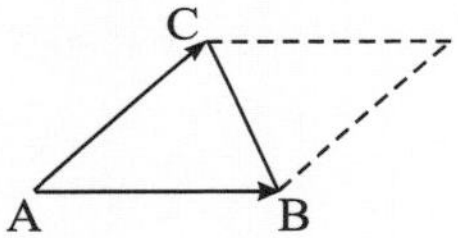

18

Die Fläche eines Parallelogramms ABCD wird mithilfe des Vektorprodukts berechnet:

$$A_{ABCD} = |\overrightarrow{AB} \times \overrightarrow{AD}|$$

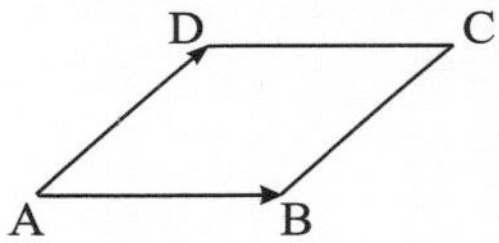

17

Geradengleichung in Parameterform:

$$g: \vec{x} = \vec{p} + r \cdot \vec{u}\,;\; r \in \mathbb{R}$$

$\vec{p}$: Stützvektor, $\vec{u}$: Richtungsvektor

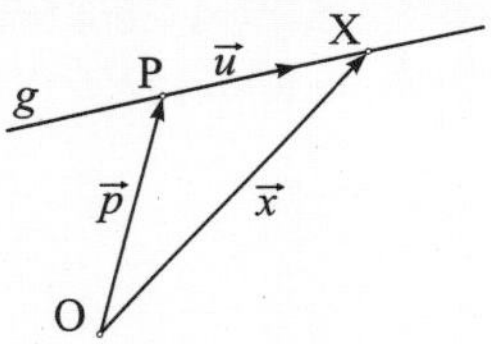

20

Ein Vektor wird auf die Länge 1 normiert, indem er durch seinen Betrag geteilt wird:

$$\vec{a_0} = \frac{1}{|\vec{a}|} \cdot \vec{a}$$

19

g und h sind parallel, wenn der eine Richtungsvektor ein Vielfaches des anderen ist:

$$\vec{u_1} = k \cdot \vec{u_2};\; k \in \mathbb{R} \setminus \{0\}$$

und der Stützpunkt A von g nicht auf h liegt (Widerspruch bei der Punktprobe)

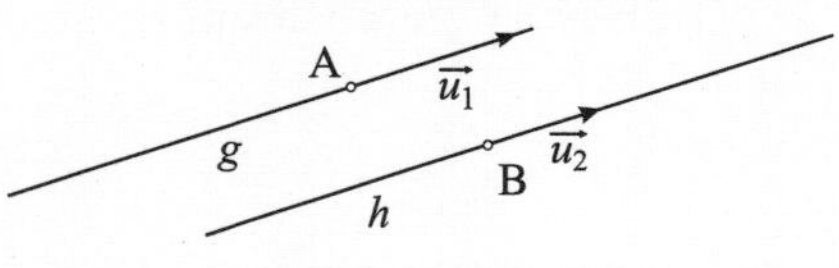

22

Punktprobe:

Man setzt den Ortsvektor von Q in die Geradengleichung ein:

$$\vec{q} = \vec{p} + r \cdot \vec{u}$$

Bei eindeutigem Parameter r liegt Q auf g, bei einem Widerspruch liegt Q nicht auf g.

21

Geraden

Wann sind die Geraden g und h orthogonal?

Geraden

Wie können zwei Geraden im Raum zueinander liegen?

Geraden

Wie kann die gegenseitige Lage von zwei Geraden g und h bestimmt werden?

Geraden

Wie lauten die Geradengleichungen der Koordinatenachsen?

Geraden

Was versteht man unter einer Geradenschar?

Geraden

Welche verschiedenen Geradenscharen kann es geben?

Ebenen

Wie lautet die Gleichung einer Ebene E, die den Punkt P enthält, in Parameterform?

Ebenen

Wie stellt man eine Ebene in Parameterform auf, wenn drei in der Ebene liegende Punkte A, B und C gegeben sind?

Zwei Geraden können parallel oder identisch sein, einen Schnittpunkt besitzen oder windschief sein.

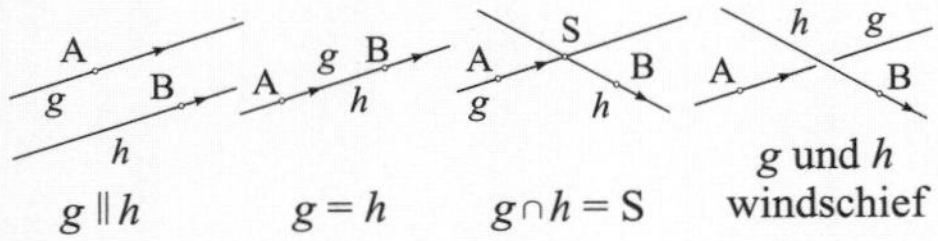

24

g und h sind orthogonal, wenn sie sich schneiden und das Skalarprodukt der Richtungsvektoren Null ist:

$$\overrightarrow{u_1} \cdot \overrightarrow{u_2} = 0$$

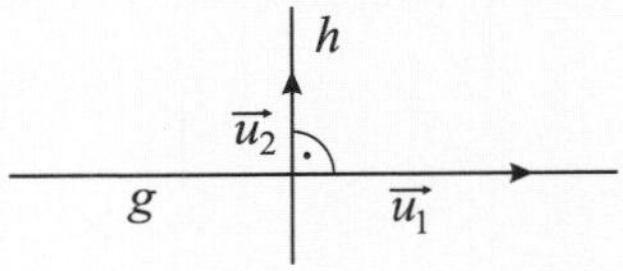

23

x_1-Achse: $\vec{x} = \begin{pmatrix} 0 \\ 0 \\ 0 \end{pmatrix} + t \cdot \begin{pmatrix} 1 \\ 0 \\ 0 \end{pmatrix}, t \in \mathbb{R}$

x_2-Achse: $\vec{x} = \begin{pmatrix} 0 \\ 0 \\ 0 \end{pmatrix} + t \cdot \begin{pmatrix} 0 \\ 1 \\ 0 \end{pmatrix}, t \in \mathbb{R}$

x_3-Achse: $\vec{x} = \begin{pmatrix} 0 \\ 0 \\ 0 \end{pmatrix} + t \cdot \begin{pmatrix} 0 \\ 0 \\ 1 \end{pmatrix}, t \in \mathbb{R}$

26

Zuerst prüfen, ob die Richtungsvektoren Vielfache voneinander sind:

Vielfache $\Rightarrow$ g und h sind parallel oder identisch; dann prüfen, ob der Stützpunkt der einen Geraden auf der anderen Geraden liegt.

Keine Vielfache $\Rightarrow$ g und h sind windschief oder schneiden sich; dazu Geradengleichungen gleichsetzen und das entstandene Gleichungssystem lösen.

25

Es gibt folgende Möglichkeiten:

1. Die Geraden haben einen Punkt gemeinsam
2. Die Geraden liegen parallel zueinander
3. Die Geraden haben weder einen Punkt gemeinsam, noch liegen sie parallel

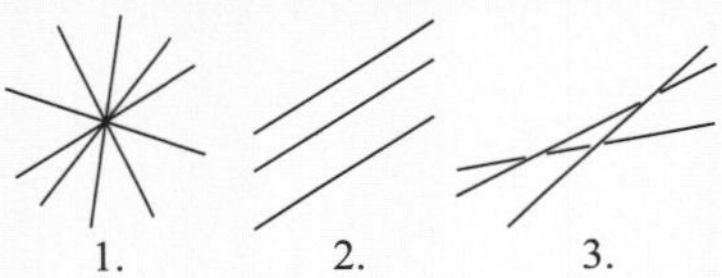

28

Eine Geradenschar ist eine Menge von Geraden, die (neben den Variablen) auch einen Parameter enthalten. Jedem Wert des Parameters ist eine Gerade zugeordnet. Beispiel mit Scharparameter a:

$$g\colon \vec{x} = \begin{pmatrix} a \\ 0 \\ 1 \end{pmatrix} + r \cdot \begin{pmatrix} 0 \\ 1 \\ 2 \end{pmatrix};\ a, r \in \mathbb{R}$$

27

Stützvektor: Ortsvektor von Punkt A,
Spannvektoren: Verbindungsvektoren $\overrightarrow{AB}$ und $\overrightarrow{AC}$

$$E\colon \vec{x} = \vec{a} + s \cdot \overrightarrow{AB} + t \cdot \overrightarrow{AC};\ s, t \in \mathbb{R}$$

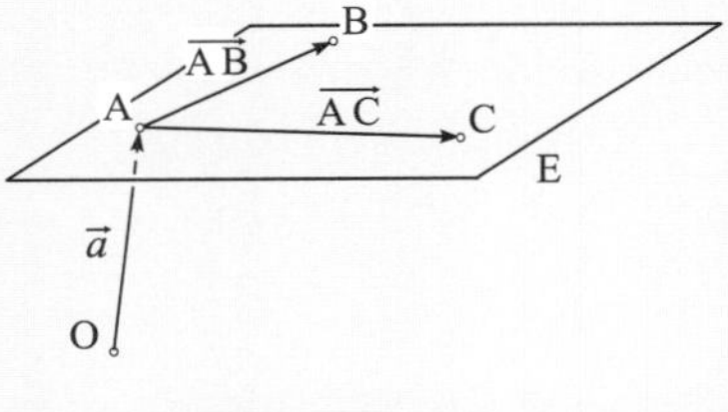

30

Ebenengleichung in Parameterform:

$$E\colon \vec{x} = \vec{p} + r \cdot \vec{u} + s \cdot \vec{v};\ r, s \in \mathbb{R}$$

Stützvektor: $\vec{p}$, Spannvektoren: $\vec{u}$, $\vec{v}$

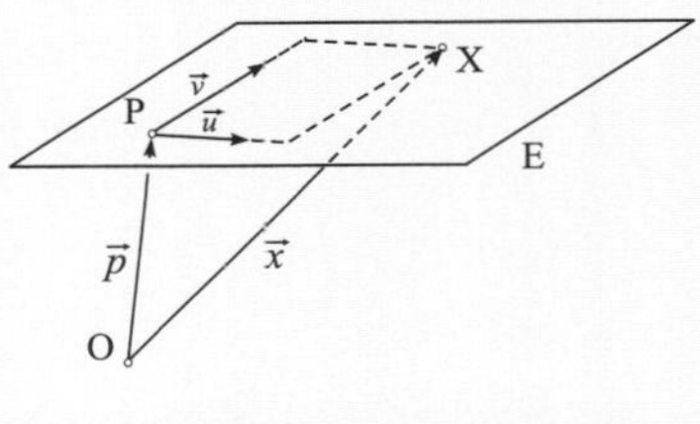

29

Wie stellt man eine Ebene E in Parameterform auf, wenn ein Punkt P und eine Gerade g gegeben sind, die in der Ebene liegen?

Wie stellt man eine Ebene E in Parameterform auf, wenn zwei Geraden der Ebene gegeben sind, die sich schneiden?

Wie stellt man eine Ebene E in Parameterform auf, wenn zwei Geraden der Ebene g und h gegeben sind, die parallel zueinander liegen?

Wie lautet die Normalenform einer Ebene E?

Wie lautet die Koordinatengleichung einer Ebene?

Wie wandelt man die Parameterform einer Ebene in die Koordinatengleichung um?

Wie lauten die Koordinatengleichungen der Koordinatenebenen?

Wie kann man prüfen, ob ein Punkt P in einer Ebene E: $ax_1 + bx_2 + cx_3 = d$ liegt?

Stützpunkt der Ebene: A, B oder Schnittpunkt S,
Spannvektoren: Richtungsvektoren $\overrightarrow{u_1}$ und $\overrightarrow{u_2}$

$$E\colon \vec{x} = \vec{s} + t \cdot \vec{u}_1 + r \cdot \vec{u}_2\ ;\ t, r \in \mathbb{R}$$

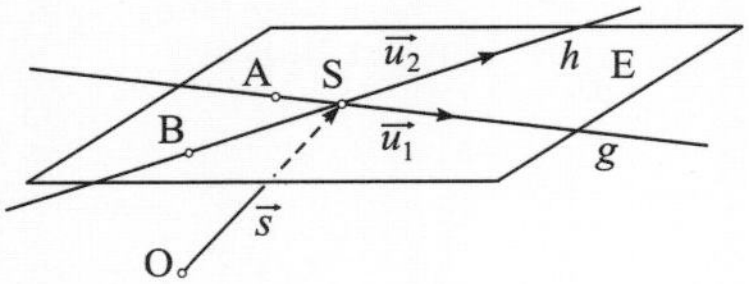

32

Stützpunkt der Ebene: Stützpunkt A der Geraden g,
Spannvektoren: Richtungsvektor $\vec{u}$ der Geraden und
Verbindungsvektor $\overrightarrow{AP}$

$$E\colon \vec{x} = \vec{a} + s \cdot \overrightarrow{AP} + t \cdot \vec{u}\ ;\ s, t \in \mathbb{R}$$

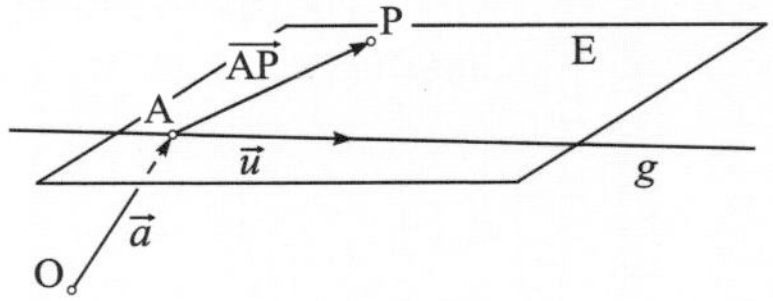

31

Die Normalenform einer Ebene lautet:

$$E\colon (\vec{x} - \vec{p}) \cdot \vec{n} = 0$$

$\vec{p}$: Ortsvektor des Ebenenpunktes P, $\vec{n}$: Normalenvektor

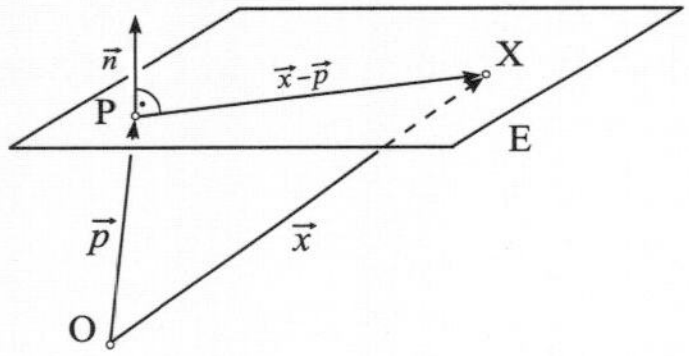

34

Stützpunkt der Ebene: Stützpunkt einer Geraden
Spannvektoren: Richtungsvektor $\vec{u}$ von g oder h *und*
Verbindungsvektor der beiden Stützpunkte A und B

$$E\colon \vec{x} = \vec{a} + s \cdot \overrightarrow{AB} + t \cdot \vec{u}\ ;\ s, t \in \mathbb{R}$$

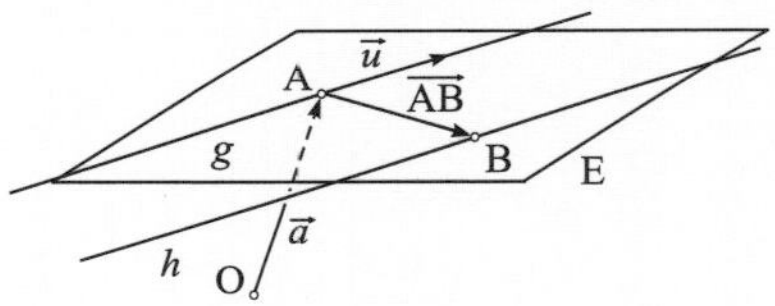

33

1. Normalenvektor mithilfe der Spannvektoren bestimmen: $\vec{u} \times \vec{v} \Rightarrow \vec{n}$
2. Normalenvektor in die Koordinatenform einsetzen:
   $$E\colon ax_1 + bx_2 + cx_3 = d$$
3. Stützpunkt einsetzen und d bestimmen

36

$$E\colon ax_1 + bx_2 + cx_3 = d$$

$$\text{Normalenvektor: } \vec{n} = \begin{pmatrix} a \\ b \\ c \end{pmatrix}$$

35

Man setzt die Koordinaten von P in die Ebenengleichung ein: Bei einer wahren Aussage liegt P in E, d.h. es gilt:

$$a \cdot p_1 + b \cdot p_2 + c \cdot p_3 = d$$

Bei einem Widerspruch liegt P nicht in E.

38

x_1x_2-Ebene: $x_3 = 0$

x_1x_3-Ebene: $x_2 = 0$

x_2x_3-Ebene: $x_1 = 0$

37

Ebenen ■ ■

Mithilfe welcher Punkte kann man eine Ebene E in einem Koordinatensystem geschickt darstellen ?

LF www.Freiburger-Verlag.de 39

Ebenen ■ ■

Wie können zwei Ebenen im Raum zueinander liegen?

LF www.Freiburger-Verlag.de 40

Ebenen ■ ■

Wann sind die Ebenen E_1 und E_2 echt parallel ?

LF www.Freiburger-Verlag.de 41

Ebenen ■ ■

Wann sind die Ebenen E_1 und E_2 orthogonal ?

LF www.Freiburger-Verlag.de 42

Ebenen ■ ■

Wie bestimmt man die gegenseitige Lage von zwei Ebenen in Koordinatenform ?

LF www.Freiburger-Verlag.de 43

Ebenen ■ ■

Was versteht man unter einer Ebenenschar ?

LF www.Freiburger-Verlag.de 44

Ebenen ■ ■

Welche möglichen Situationen kann es bei Ebenenscharen geben ?

LF www.Freiburger-Verlag.de 45

Geraden und Ebenen ■ ■

Wie können eine Gerade und eine Ebene im Raum zueinander liegen ?

LF www.Freiburger-Verlag.de 46

Zwei Ebenen können sich schneiden, identisch sein, oder parallel zueinander liegen.

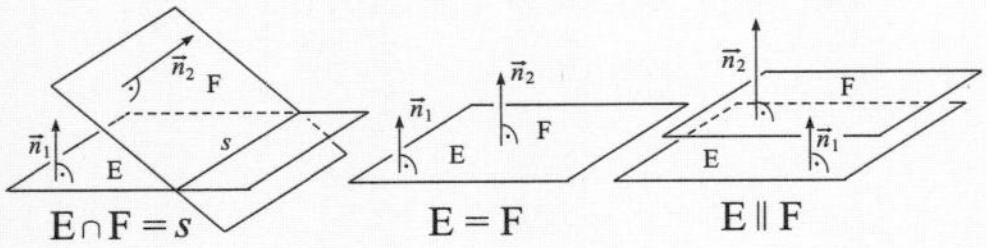

40

Man kann eine Ebene E meist mithilfe der Spurpunkte (Schnittpunkte von E mit den Koordinatenachsen) darstellen.

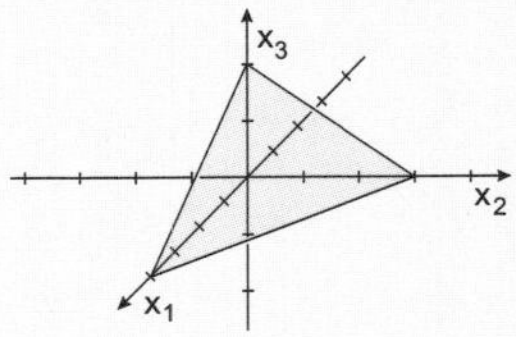

39

E_1 und E_2 sind orthogonal, wenn das Skalarprodukt ihrer Normalenvektoren Null ist: $E_1 \perp E_2$: $\overrightarrow{n_1} \cdot \overrightarrow{n_2} = 0$

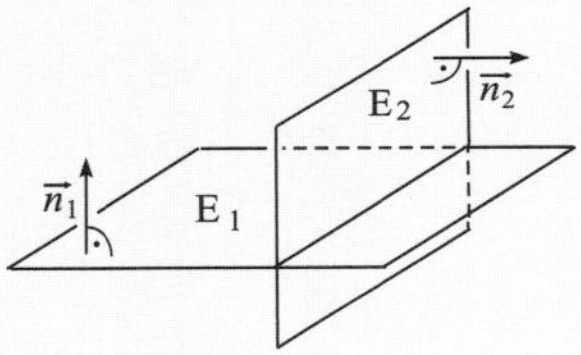

42

E_1 und E_2 sind echt parallel, wenn ihre Normalenvektoren Vielfache voneinander sind:

$$E_1 \parallel E_2: \overrightarrow{n_1} = k \cdot \overrightarrow{n_2};\; k \in \mathbb{R} \setminus \{0\}$$

und ein Punkt A von E_1 nicht in E_2 liegt (Widerspruch bei der Punktprobe).

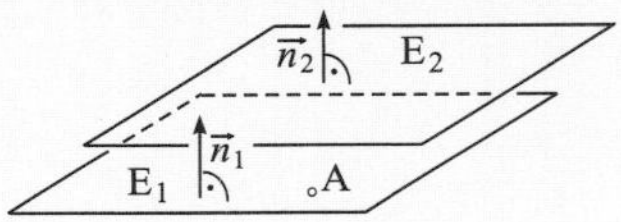

41

Eine Ebenenschar ist eine Menge von Ebenen, die (neben den Variablen) auch einen Parameter enthalten. Jedem Wert des Parameters ist eine Ebene zugeordnet.

Beispiel mit Scharparameter a:

$$E: 3x_1 + 2x_2 + ax_3 = 2;\; a \in \mathbb{R}$$

44

Die Ebenengleichungen werden zu einem linearen Gleichungssystem zusammengefasst. Beim Lösen können drei Fälle auftreten:

1. Es gibt eine Lösungsmenge: Die beiden Ebenen schneiden sich in einer Schnittgeraden. Diese erhält man, indem man z.B. x_3 als t setzt und dann x_1 und x_2 in Abhängigkeit von t schreibt.
2. Widerspruch (z.B. $3 = 0$): Die Ebenen sind parallel.
3. Wahre Aussage (z.B. $0 = 0$): Die Ebenen sind identisch.

43

Die Gerade kann die Ebene schneiden, sie kann (echt) parallel zu ihr liegen oder in der Ebene liegen.

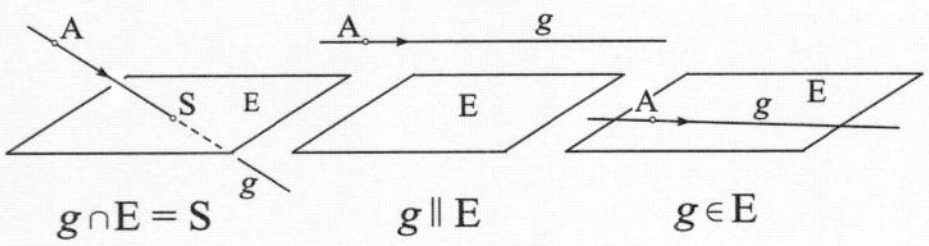

46

Es gibt z.B. folgende Möglichkeiten:

1. Die Ebenen haben einen Punkt gemeinsam
2. Die Ebenen haben eine Schnittgerade gemeinsam
3. Die Ebenen liegen parallel

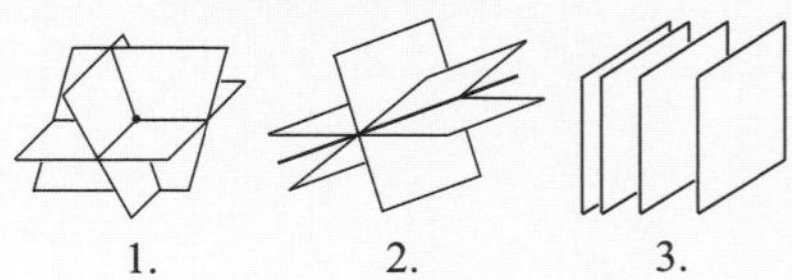

45

Geraden und Ebenen

Wie erkennt man, dass die Ebene E und die Gerade g (echt) parallel sind?

LF www.Freiburger-Verlag.de 47

Geraden und Ebenen

Wie erkennt man, dass die Ebene E und die Gerade g orthogonal sind?

LF www.Freiburger-Verlag.de 48

Geraden und Ebenen

Wie bestimmt man die gegenseitige Lage einer Geraden g und einer Ebene E in Koordinatenform?

LF www.Freiburger-Verlag.de 49

Abstände

Wie berechnet man den Abstand d zweier Punkte $A(a_1 \mid a_2 \mid a_3)$ und $B(b_1 \mid b_2 \mid b_3)$?

LF www.Freiburger-Verlag.de 50

Abstände

Wie berechnet man den Abstand eines Punktes $Q(q_1 \mid q_2 \mid q_3)$ zu einer Ebene $E\colon ax_1 + bx_2 + cx_3 = d$?

LF www.Freiburger-Verlag.de 51

Abstände

Wie berechnet man den Abstand eines Punktes P zu einer Geraden g?

LF www.Freiburger-Verlag.de 52

Abstände

Wie berechnet man den Abstand zweier paralleler Ebenen E_1 und E_2?

LF www.Freiburger-Verlag.de 53

Abstände

Wie berechnet man den Abstand einer Geraden g zu einer parallelen Ebene E?

LF www.Freiburger-Verlag.de 54

E und g sind orthogonal, wenn der Normalenvektor der Ebene und der Richtungsvektor der Geraden ein Vielfaches voneinander sind:

$$\vec{n} = k \cdot \vec{u};\; k \in \mathbb{R} \setminus \{0\}$$

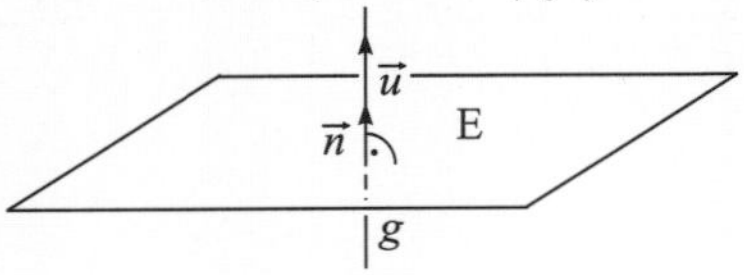

48

E und g sind parallel, wenn das Skalarprodukt von Normalenvektor und Richtungsvektor Null ist:

$$\vec{n} \cdot \vec{u} = 0$$

und der Stützpunkt P von g nicht in E liegt (Widerspruch bei der Punktprobe).

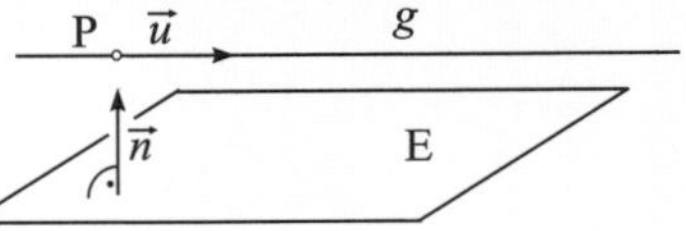

47

$$d(\mathrm{A};\mathrm{B}) = \left|\overrightarrow{\mathrm{AB}}\right| = \sqrt{(b_1 - a_1)^2 + (b_2 - a_2)^2 + (b_3 - a_3)^2}$$

50

Die Gerade g wird als «allgemeiner Punkt» geschrieben, in E eingesetzt und die Gleichung nach dem Parameter der Geraden gelöst. Dabei können drei Fälle auftreten:

1. Eine eindeutige Lösung: g schneidet E.
2. Widerspruch (z.B. $3 = 0$): g liegt parallel zu E.
3. Wahre Aussage (z.B. $0 = 0$): g liegt in E.

49

1. Hilfsebene E_H senkrecht zu g durch P aufstellen: $E_H: (\vec{x} - \vec{p}) \cdot \vec{n} = 0$ mit $\vec{n} = \vec{u}$.
2. E_H mit g schneiden ergibt den Schnittpunkt S.
3. $|\overrightarrow{\mathrm{SP}}|$ ist der Abstand des Punktes P von g.

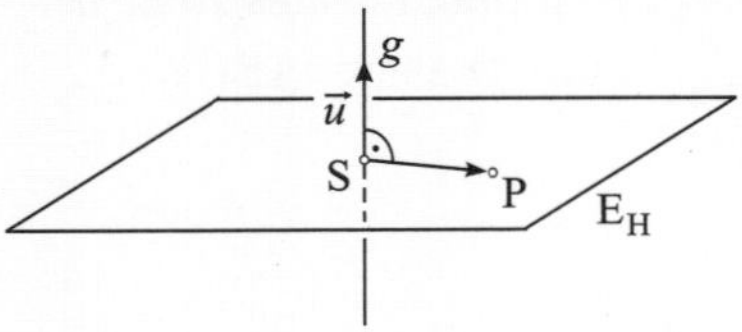

52

Mithilfe der Abstandsformel ergibt sich:

$$d(\mathrm{Q};\mathrm{E}) = \left|\frac{aq_1 + bq_2 + cq_3 - d}{\sqrt{a^2 + b^2 + c^2}}\right|$$

51

Der Abstand von g zu E wird berechnet, indem man den Abstand des Stützpunktes A von g zur Ebene E berechnet, z.B. mithilfe der Abstandsformel.

54

Der Abstand zweier paralleler Ebenen wird berechnet, indem man den Abstand eines Punktes P von E_1 zur Ebene E_2 berechnet, z.B. mithilfe der Abstandsformel.

53

Abstände

Wie bestimmt man den Abstand zweier paralleler Geraden?

Abstände

Wie bestimmt man den Abstand der windschiefen Geraden $g: \vec{x} = \vec{p} + r \cdot \vec{u}$ und $h: \vec{x} = \vec{q} + s \cdot \vec{v}$?

Abstände

Wie bestimmt man die Höhe h einer Pyramide?

Abstände

Wie bestimmt man die Höhe h eines Parallelogramms ABCD?

Abstände

Wie bestimmt man die Höhe h eines Trapezes ABCD?

Abstände

Wie bestimmt man die Höhe h eines Dreiecks ABC?

Winkel

Wie berechnet man den Schnittwinkel zweier Geraden g und h?

Winkel

Wie berechnet man den Schnittwinkel zwischen den Ebenen E_1 und E_2?

Der Abstand zwischen zwei windschiefen Geraden kann mit der folgenden Formel bestimmt werden:

$$d(g;h) = \frac{|(\vec{q}-\vec{p})\cdot\vec{n}|}{|\vec{n}|}$$

$\vec{n} = \vec{u} \times \vec{v}$ (Kreuzprodukt)

56

Der Abstand zweier paralleler Geraden wird bestimmt, indem man den Abstand des Stützpunktes der einen Geraden zur anderen Geraden mithilfe einer orthogonalen Hilfsebene berechnet.

55

Die Höhe *h* eines Parallelogramms ABCD erhält man, indem man den Abstand des Punktes C oder D zur Geraden AB mithilfe einer orthogonalen Hilfsebene E_H berechnet.

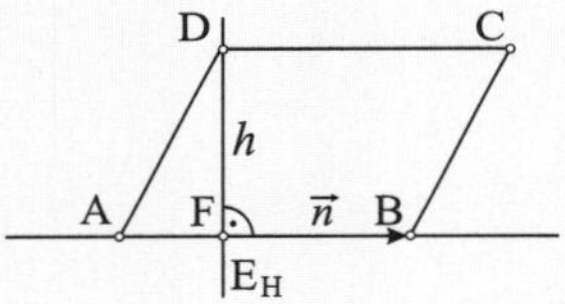

58

Die Höhe *h* einer Pyramide erhält man, indem man den Abstand der Spitze S von der Ebene, in der die Grundfläche liegt, berechnet, z.B. mithilfe der Abstandsformel.

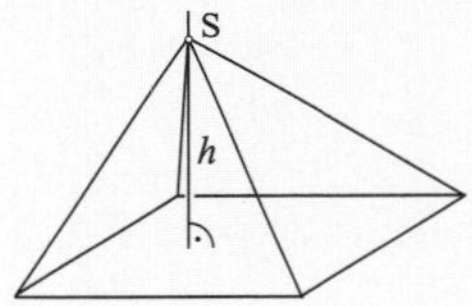

57

Die Höhe *h* eines Dreiecks ABC erhält man, indem man den Abstand des Punktes C zur Geraden AB mithilfe einer orthogonalen Hilfsebene E_H berechnet.

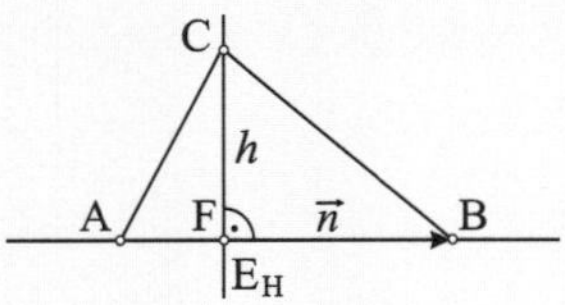

60

Die Höhe *h* eines Trapezes ABCD erhält man, indem man den Abstand des Punktes C oder D zur Geraden AB mithilfe einer orthogonalen Hilfsebene E_H berechnet.

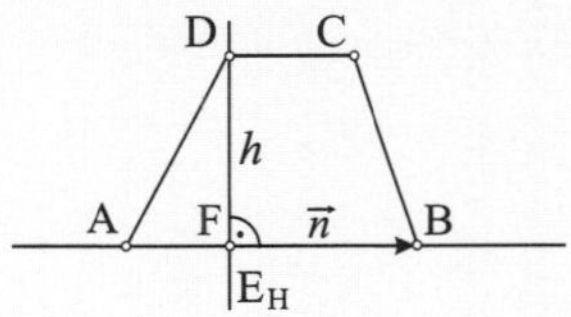

59

Den Schnittwinkel (spitzer Winkel) zwischen E_1 und E_2 erhält man durch:

$$\cos(\varphi) = \frac{|\vec{n_1}\cdot\vec{n_2}|}{|\vec{n_1}|\cdot|\vec{n_2}|}$$

wobei $\vec{n_1}$ und $\vec{n_2}$ die Normalenvektoren der beiden Ebenen sind.

62

Den Schnittwinkel (spitzer Winkel) zwischen zwei Geraden erhält man durch:

$$\cos(\varphi) = \frac{|\vec{u_1}\cdot\vec{u_2}|}{|\vec{u_1}|\cdot|\vec{u_2}|}$$

wobei $\vec{u_1}$ und $\vec{u_2}$ die Richtungsvektoren der Geraden sind.

61

Winkel

Wie berechnet man den Schnittwinkel einer Geraden g und einer Ebene E?

LF www.Freiburger-Verlag.de 63

Spiegelungen

Wie spiegelt man einen Punkt P an einem Punkt Q?

LF www.Freiburger-Verlag.de 64

Spiegelungen

Wie spiegelt man einen Punkt P an einer Ebene E?

LF www.Freiburger-Verlag.de 65

Spiegelungen

Wie spiegelt man einen Punkt P an einer Geraden g?

LF www.Freiburger-Verlag.de 66

Spiegelungen

Wie spiegelt man eine Gerade g an einer Ebene E, wenn die Gerade parallel zur Ebene ist?

LF www.Freiburger-Verlag.de 67

Spiegelungen

Wie spiegelt man eine Gerade g an einer Ebene E, wenn die Gerade die Ebene schneidet?

LF www.Freiburger-Verlag.de 68

Spiegelungen

Wie spiegelt man eine Ebene E an einer Ebene F, wenn E und F parallel sind?

LF www.Freiburger-Verlag.de 69

Beweise

Wie geht man bei der Durchführung eines Beweises vor?

LF www.Freiburger-Verlag.de 70

Für den Spiegelpunkt P^* gilt:

$$\overrightarrow{OP^*} = \overrightarrow{OP} + 2 \cdot \overrightarrow{PQ} \text{ oder } \overrightarrow{OP^*} = \overrightarrow{OQ} + \overrightarrow{PQ}$$

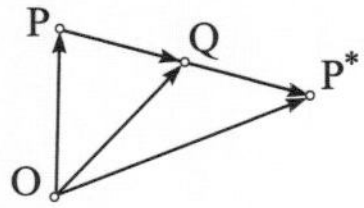

64

Den Schnittwinkel (spitzer Winkel) zwischen g und E erhält man durch:

$$\sin(\varphi) = \frac{|\vec{n} \cdot \vec{u}|}{|\vec{n}| \cdot |\vec{u}|}$$

wobei $\vec{n}$ der Normalenvektor der Ebene und $\vec{u}$ der Richtungsvektor der Geraden ist.

63

1. Aufstellen einer zu g orthogonalen Hilfsebene E_H durch P ergibt: $E_H: (\vec{x} - \vec{p}) \cdot \vec{u} = 0$
2. Schnittpunkt S von g und E_H berechnen
3. P an S spiegeln: $\overrightarrow{OP^*} = \overrightarrow{OP} + 2 \cdot \overrightarrow{PS}$ ergibt P^*

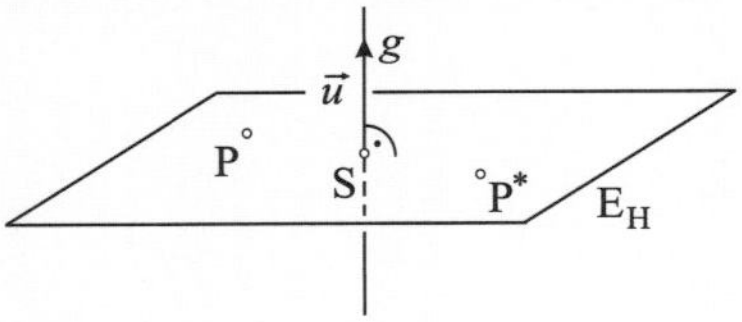

66

1. Aufstellen einer zu E orthogonalen Lotgeraden l durch P ergibt $l: \vec{x} = \vec{p} + t \cdot \vec{n}$
2. Schnittpunkt S von l und E berechnen
3. P an S spiegeln: $\overrightarrow{OP^*} = \overrightarrow{OP} + 2 \cdot \overrightarrow{PS}$ ergibt P^*

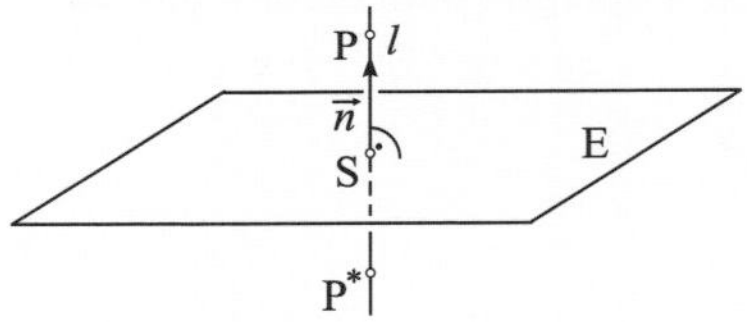

65

1. Schnittpunkt S von g und E bestimmen.
2. Lotgerade $l: \vec{x} = \vec{a} + t \cdot \vec{n}$ mit E schneiden ergibt F
3. A an F spiegeln: $\overrightarrow{OA^*} = \overrightarrow{OA} + 2 \cdot \overrightarrow{AF}$ ergibt A^*
4. Der Verbindungsvektor von S zu A^* ist der Richtungsvektor von $g^*: \vec{x} = \overrightarrow{a^*} + t \cdot \overrightarrow{SA^*}$

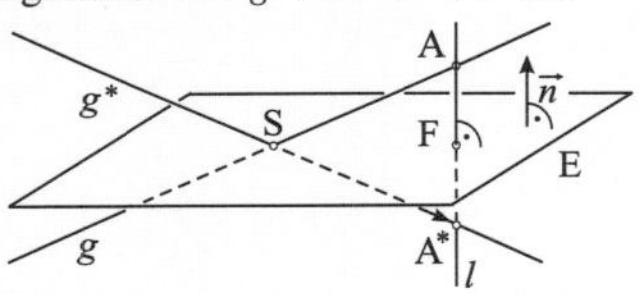

68

1. Aufstellen einer zu E orthogonalen Lotgeraden l durch den Stützpunkt A von g ergibt: $l: \vec{x} = \vec{a} + t \cdot \vec{n}$
2. Schnittpunkt S von l und E berechnen
3. A an S spiegeln: $\overrightarrow{OA^*} = \overrightarrow{OA} + 2 \cdot \overrightarrow{AS}$ ergibt A^*
4. Gleichung von $g^*: \vec{x} = \overrightarrow{a^*} + t \cdot \vec{u}$

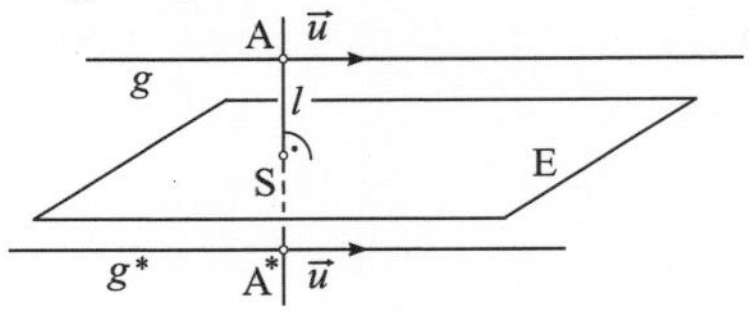

67

1. Skizze machen, Vektoren und Bezeichnungen einführen
2. Voraussetzungen benennen
3. Behauptung aufstellen
4. Den eigentlichen Beweis führen: Vektorketten, Beträge, Skalarprodukt...

70

1. Aufstellen einer zur Ebene E orthogonalen Lotgeraden l durch einen Punkt A von E ergibt: $l: \vec{x} = \vec{a} + t \cdot \vec{n}_E$
2. Schnittpunkt S von l und F berechnen.
3. A an S spiegeln: $\overrightarrow{OA^*} = \overrightarrow{OA} + 2 \cdot \overrightarrow{AS}$ ergibt A^*
4. Gleichung von $E^*: \left(\vec{x} - \overrightarrow{a^*}\right) \cdot \vec{n}_E = 0$.

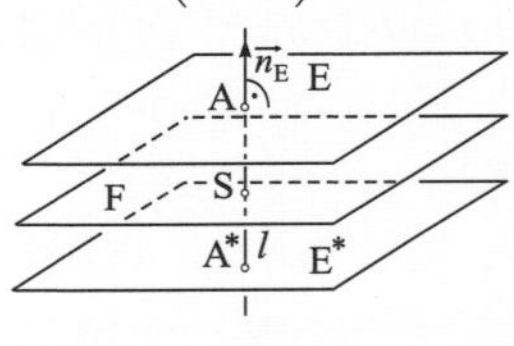

69

Grundlegende Begriffe

Was ist das Besondere an einem Laplace-Experiment?

LF www.Freiburger-Verlag.de 1

Grundlegende Begriffe

Wie lautet die Laplace-Formel?

LF www.Freiburger-Verlag.de 2

Grundlegende Begriffe

Wie berechnet man den Binomialkoeffizienten?

LF www.Freiburger-Verlag.de 3

Baumdiagramme und Wahrscheinlichkeiten

Wie lautet bei Baumdiagrammen die 1. Pfadregel (Produktregel)?

LF www.Freiburger-Verlag.de 4

Baumdiagramme und Wahrscheinlichkeiten

Wie lautet bei Baumdiagrammen die 2. Pfadregel (Summenregel)?

LF www.Freiburger-Verlag.de 5

Baumdiagramme und Wahrscheinlichkeiten

Was gilt beim «Ziehen mit Zurücklegen» für die Wahrscheinlichkeit bei jedem Zug?

LF www.Freiburger-Verlag.de 6

Baumdiagramme und Wahrscheinlichkeiten

Was gilt beim «Ziehen ohne Zurücklegen» für die Wahrscheinlichkeit bei jedem Zug?

LF www.Freiburger-Verlag.de 7

Baumdiagramme und Wahrscheinlichkeiten

Wie kann man die Wahrscheinlichkeit eines Ereignisses A mithilfe des Gegenereignisses $\overline{A}$ bestimmen?

LF www.Freiburger-Verlag.de 8

Haben alle Ergebnisse eines Zufalls-experiments die gleiche Wahrscheinlichkeit, so gilt für die Wahrscheinlichkeit P(A) eines Ereignisses A, das sich aus mehreren «günstigen» Ergebnissen zusammensetzt:

$$P(A) = \frac{\text{Anzahl der günstigen Ergebnisse}}{\text{Anzahl der möglichen Ergebnisse}}$$

2

Bei einem Laplace-Experiment sind alle Ergebnisse gleichwahrscheinlich. Beispiel: Der Wurf eines idealen Würfels.

1

Produktregel:
Die Wahrscheinlichkeiten der zugehörigen Äste längs eines Pfades werden multipliziert.

4

Der Binomialkoeffizient «n über k» wird mithilfe der folgenden Formel berechnet:

$$\binom{n}{k} = \frac{n!}{(n-k)! \cdot k!}$$

3

Die Wahrscheinlichkeit für ein Ergebnis bleibt bei jedem Zug gleich.

6

Summenregel:
Die Wahrscheinlichkeiten aller Pfade, die zu einem Ereignis gehören, werden addiert.

5

$$P(A) = 1 - P(\overline{A})$$

8

Die Wahrscheinlichkeit für ein Ergebnis ändert sich bei jedem Zug.

7

Erwartungswert

Wie berechnet man den Erwartungswert einer Zufallsgröße X?

Erwartungswert

Wann ist ein Spiel fair?

Erwartungswert

Wie berechnet man die Varianz einer Zufallsgröße X?

Erwartungswert

Wie berechnet man die Standardabweichung σ einer Zufallsgröße X?

Binomialverteilung

Was ist ein Bernoulli-Experiment?

Binomialverteilung

Was ist eine Bernoulli-Kette der Länge n?

Binomialverteilung

Wann ist eine Zufallsgröße X binomialverteilt?

Binomialverteilung

Wie bestimmt man bei einer binomialverteilten Zufallsgröße X die Wahrscheinlichkeit, dass es genau k Treffer gibt?

Ein Spiel ist fair, wenn für den Erwartungswert der Zufallsgröße X gilt:

$$E(X) = 0$$

10

Wenn eine Zufallsgröße X die Werte $x_1, x_2, \ldots, x_n$ annehmen kann, so ist der Erwartungswert dieser Zufallsgröße:

$$E(X) = x_1 \cdot P(X = x_1) + x_2 \cdot P(X = x_2) + \ldots$$
$$\ldots + x_n \cdot P(X = x_n)$$

9

Es ist

$$\sigma = \sqrt{V(X)} = \sqrt{\sum_{i=1}^{n} (x_i - \mu)^2}$$

12

Wenn eine Zufallsgröße die Werte $x_1, x_2, \ldots, x_n$ annehmen kann, so ist die Varianz dieser Zufallsgröße:

$$V(X) = \left(x_1 - E(X)\right)^2 \cdot P(X = x_1) + \left(x_2 - E(X)\right)^2 \cdot P(X = x_2) + \ldots$$
$$\ldots + \left(x_n - E(X)\right)^2 \cdot P(X = x_n)$$

11

Wenn man ein Bernoulli-Experiment n-mal hintereinander ausführt, wird dies als Bernoulli-Kette der Länge n bezeichnet.

14

Ein Bernoulli-Experiment ist ein Zufallsexperiment, das genau zwei Ergebnisse hat, z.B. der Münzwurf mit den Ergebnissen «Kopf» und «Zahl».

13

$$P(X = k) = \binom{n}{k} \cdot p^k \cdot (1 - p)^{n-k}$$

16

Eine Zufallsgröße X ist binomialverteilt, wenn eine Bernoullikette mit der Länge n und der Trefferwahrscheinlichkeit p zugrunde liegt.

15

Wie bestimmt man bei einer binomialverteilten Zufallsgröße X die Wahrscheinlichkeit, dass es höchstens k Treffer gibt?

Wie bestimmt man bei einer binomialverteilten Zufallsgröße X die Wahrscheinlichkeit, dass es mindestens k Treffer gibt?

Wie bestimmt man bei einer binomialverteilten Zufallsgröße X die Wahrscheinlichkeit, dass es weniger als k Treffer gibt?

Wie bestimmt man bei einer binomialverteilten Zufallsgröße X die Wahrscheinlichkeit, dass es mehr als k Treffer gibt?

Wie bestimmt man bei einer binomialverteilten Zufallsgröße X die Wahrscheinlichkeit, dass es mindestens k_1 und höchstens k_2 Treffer gibt?

Wie berechnet man den Erwartungswert μ einer binomialverteilten Zufallsgröße X mit den Parametern n und p?

Wie berechnet man die Standardabweichung σ einer binomialverteilten Zufallsgröße mit den Parametern n und p?

Welche Hypothesen stellt man bei einem Hypothesentest auf?

$$P(X \geqslant k) = P(X = k) + P(X = k+1) + \ldots + P(X = n)$$

oder

$$P(X \geqslant k) = 1 - P(X \leqslant k-1)$$

18

$$P(X \leqslant k) = P(X = 0) + P(X = 1) + \ldots + P(X = k)$$

17

$$P(X > k) = 1 - P(X \leqslant k)$$

20

$$P(X < k) = P(X \leqslant k-1)$$

19

Wenn die Zufallsgröße X binomialverteilt ist, dann hat X den Erwartungswert:

$$E(X) = \mu = n \cdot p$$

22

$$P(k_1 \leqslant X \leqslant k_2) = P(X \leqslant k_2) - P(X \leqslant k_1 - 1)$$

21

Bei einem Hypothesentest wird immer eine Nullhypothese H_0 aufgestellt, bzw. die Alternativhypothese H_1 als Komplement zu H_0. Die Aussagen der beiden Hypothesen müssen immer gegenteilig sein.

24

Die Standardabweichung einer binomialverteilten Zufallsgröße ist:

$$\sigma = \sqrt{n \cdot p \cdot (1-p)}$$

23

Binomialverteilung

Worum handelt es sich beim Signifikanzniveau α^* eines Hypothesentests?

Binomialverteilung

Wie geht man beim Testen einer Nullhypothese H_0 vor?

Binomialverteilung

Was ist ein Fehler 1. Art beim Hypothesentest?

Binomialverteilung

Wie kann man den Fehler 1. Art berechnen?

Binomialverteilung

Was ist ein Fehler 2. Art beim Hypothesentest?

Binomialverteilung

Wie kann man den Fehler 2. Art berechnen?

Binomialverteilung

Wie erkennt man, dass ein rechtsseitiger Hypothesentest vorliegt?

Binomialverteilung

Wie erkennt man, dass ein linksseitiger Hypothesentest vorliegt?

1. Es werden die Nullhypothese H_0 sowie die Alternativhypothese H_1 formuliert. Daraus ergibt sich die Art des Tests (linksseitig/rechtsseitig, zweiseitig)
2. Der Stichprobenumfang n und das Signifikanzniveau α^* werden festgelegt.
3. Der Ablehnungsbereich $\overline{A}$ wird bestimmt.
4. Die Nullhypothese wird verworfen, wenn das Ergebnis im Ablehnungsbereich der Stichprobe liegt.

26

Die Signifikanzniveau α^* gibt den Wert an, den die Wahrscheinlichkeit für den Fehler 1. Art nicht überschreiten darf.

25

Für den Fehler 1. Art gilt:

$$\alpha = P\left(X \in \overline{A}\right)$$

28

Ein Fehler 1. Art liegt vor, wenn die Nullhypothese H_0 verworfen wird, obwohl sie zutrifft.

27

Für den Fehler 2. Art gilt:

$$\beta = 1 - P\left(X \in \overline{A}\right)$$

30

Ein Fehler 2. Art liegt vor, wenn die Nullhypothese H_0 nicht verworfen wird, obwohl sie nicht zutrifft.

29

Wenn für die Alternativhypothese H_1 gilt:

$H_1 : p < ...$

32

Wenn für die Alternativhypothese H_1 gilt:

$H_1 : p > ...$

31

Wie bestimmt man den Ablehnungsbereich $\overline{A}$ eines linksseitigen Tests?

Wie bestimmt man den Ablehnungsbereich $\overline{A}$ eines rechtsseitigen Tests?

Wie bestimmt man den Ablehnungsbereich $\overline{A}$ eines zweiseitigen Tests?

Wann wird die Nullhypothese bei einem linksseitigen bzw. einem rechtsseitigen Hypothesentest verworfen?

Wann wird die Nullhypothese bei einem zweiseitigen Hypothesentest verworfen?

Welche Werte kann eine binomialverteilte Zufallsgröße annehmen, welche eine normalverteilte Zufallsgröße?

Wie sieht die Glockenkurve einer normalverteilten Zufallsgröße aus?

An welcher Stelle befindet sich das Maximum einer normalverteilten Zufallsgröße?

Für den Ablehnungsbereich $\overline{A}=\{g;\ldots;n\}$ ist ein minimales g so zu bestimmen, dass gilt:

$$P(X \in \overline{A}) \leqslant \alpha^* \text{ bzw. } P(X \geqslant g) \leqslant \alpha^*$$

34

Für den Ablehnungsbereich $\overline{A}=\{0;\ldots;g\}$ ist ein maximales g so zu bestimmen, dass gilt:

$$P(X \in \overline{A}) \leqslant \alpha^* \text{ bzw. } P(X \leqslant g) \leqslant \alpha^*$$

33

Beim linksseitigen Test führen zu kleine Werte der Stichprobe zum Verwerfen von H_0, beim rechtsseitigen Test führen zu große Werte zum Verwerfen von H_0.

36

Der Ablehnungsbereich eines zweiseitigen Test ist

$$\overline{A} = \{0;\ldots;g_1\} \cup \{g_2;\ldots;n\}$$

und es gilt:

$$P(X \leqslant g_1) \leqslant \frac{\alpha^*}{2} \text{ und } P(X \geqslant g_2) \leqslant \frac{\alpha^*}{2}$$

35

Eine binomialverteilte Zufallsgröße kann nur diskrete Werte in den natürlichen Zahlen annehmen (also 1, 2, 3, ...), eine normalverteilte Zufallsgröße kann kontinuierliche Werte annehmen, das heißt alle reellen Zahlen.

38

Bei einem zweiseitigen Test wird die Nullhypothese verworfen, wenn das Testergebnis zu klein oder zu groß ist.

37

Das Maximum befindet sich beim Erwartungswert:

$$x = \mu$$

40

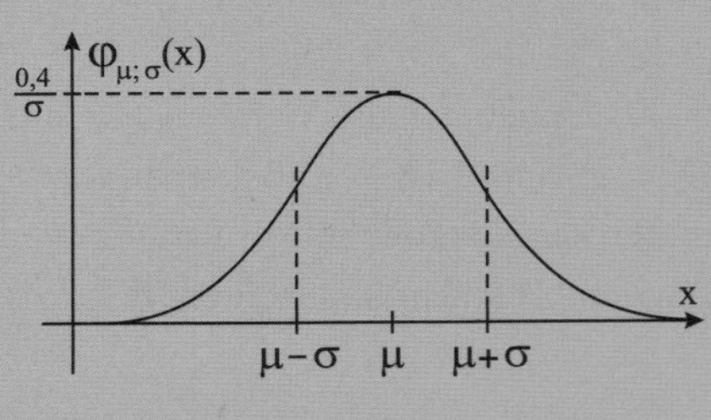

39

An welcher Stelle hat die Glockenkurve einer normalverteilten Zufallsgröße ihre Wendestellen?

Wie groß ist das Maximum einer normalverteilten Zufallsgröße?

Wie bestimmt man mithilfe der Glockenkurve bei einer normalverteilten Zufallsgröße die Wahrscheinlichkeit $P(X < k)$ bzw. $P(X \leqslant k)$?

Wie bestimmt man mithilfe der Glockenkurve bei einer normalverteilten Zufallsgröße die Wahrscheinlichkeit $P(X > k)$ bzw. $P(X \geqslant k)$?

Wie bestimmt man mithilfe der Glockenkurve bei einer normalverteilten Zufallsgröße die Wahrscheinlichkeit $P(k_1 \leqslant X \leqslant k_2)$, bzw. $P(k_1 < X < k_2)$?

Welchen Wert hat bei einer normalverteilten Zufallsgröße die Wahrscheinlichkeit $P(X = k)$?

Wie berechnet man die Wahrscheinlichkeit $P(X \leqslant a)$ bzw. $P(X > a)$ bei einer normalverteilten Zufallsgröße mit Erwartungswert μ und Standardabweichung σ?

Wie berechnet man die Wahrscheinlichkeit $P(a \leqslant X \leqslant b)$ bei einer normalverteilten Zufallsgröße mit dem Erwartungswert μ und der Standardabweichung σ?

Das Maximum (der Hochpunkt der Glockenkurve) befindet sich bei

$$\varphi_{\mu;\sigma}(x) = \frac{0,4}{\sigma}$$

42

Die beiden Wendestellen befinden sich bei

$x_1 = \mu - \sigma$ und $x_2 = \mu + \sigma$

41

Man bestimmt die Fläche unter der Glockenkurve:

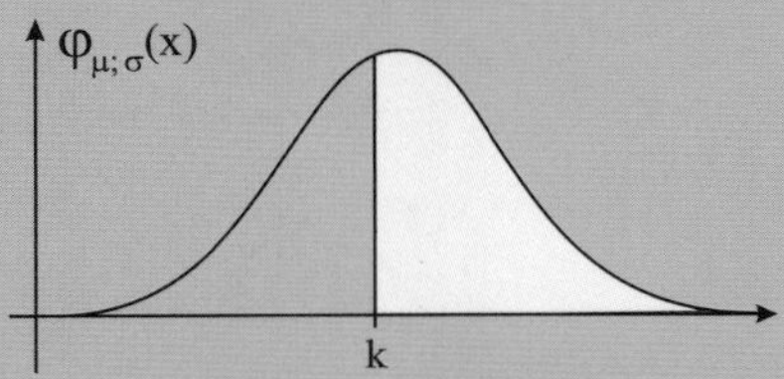

44

Man bestimmt die Fläche unter der Glockenkurve:

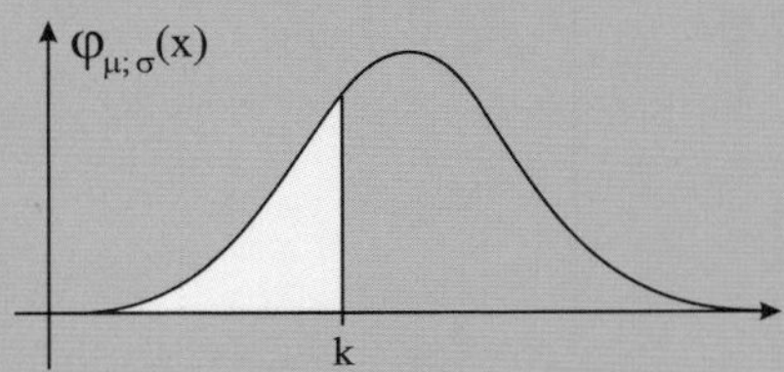

43

Es ist $P(X = k) = 0$, da die Fläche unter der Glockenkurve bei einer einzigen Linie gleich Null ist, bzw. weil für das Integral gilt:

$$\int_k^k \varphi_{\mu;\sigma}(x)\,dx = 0$$

46

Man bestimmt die Fläche unter der Glockenkurve:

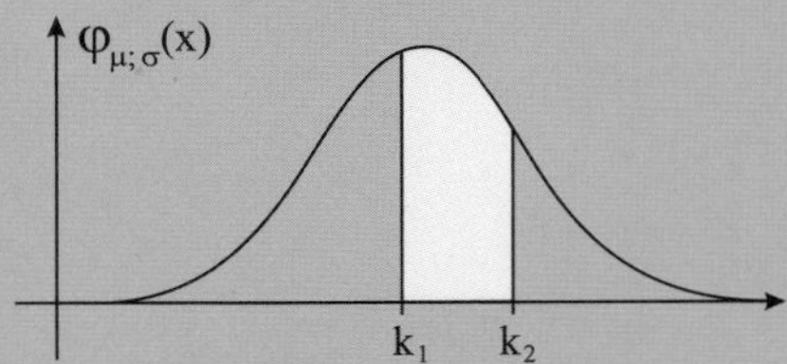

45

Die Wahrscheinlichkeit $P(a \leqslant X \leqslant b)$ einer normalverteilten Zufallsgröße X wird berechnet mit:

$$P(a \leqslant X \leqslant b) = P(a < X < b) = \int_a^b \varphi_{\mu;\sigma}(x)\,dx$$

48

Die Wahrscheinlichkeit $P(X \leqslant a)$ einer normalverteilten Zufallsgröße X wird berechnet mit:

$$P(X \leqslant a) = P(X < a) = \int_{-\infty}^a \varphi_{\mu;\sigma}(x)\,dx$$

Die Wahrscheinlichkeit $P(X > a)$ wird berechnet mit:

$$P(X > a) = 1 - P(X \leqslant a)$$

47